Gemüse aus der Stadt

Ein Garten-Buch in Leichter Sprache

KRAUT*in*

New Roots

himmel beet
TUML

Gefördert durch:

Biografische Information der Deutschen Nationalbibliothek:
Die Deutsche Nationalbibliothek verzeichnet diese Publikation
in der Deutschen Nationalbibliografie; detaillierte bibliografische
Daten sind im Internet über www.dnb.de abrufbar.

2. Auflage, Berlin 2023

Redaktion: Ulrike Bruckmann, Jessika Knauer
Texte: tuml-Gruppe und Expert*innen
Konzeption: Ulrike Bruckmann, Jessika Knauer, Daniel Dermitzel,
Marion De Simone, Jonas Flötotto, Josephine Bruse
Layout und Illustrationen: Lotte Letschert
Fotos: tuml-Gruppe, himmelbeet
Prüfung auf Leichte Sprache: Osman Sakinmaz, Shpresa Matoshi, Carsten Schrœr,
Andreas Wulfekammer (Büro für Leichte Sprache und Barrierefreiheit)
Projektträger: Förderverein zusammen wachsen –
Unterstützung für die himmelbeet gemeinnützige GmbH e.V.

ISBN: 978-3-96703-088-4

Mehr Informationen zum Buchprojekt:
www.tuml.berlin

AUFGABEN
TEXTE

tuml
BEET

PACHTBEETE

Inhalt

Liebe Leserin, lieber Leser,

Herzlich Willkommen im Garten.
In diesem Buch erfahren Sie:

- wie man Gemüse anbauen kann.
- wie man das Beet pflegt.
- wie man erntet.

Sie können den Anleitungen folgen.

Das Buch ist nach den Jahres-Zeiten sortiert.
Im Frühling beginnt das Garten-Jahr.
So beginnt auch das Buch mit dem Kapitel Frühling.
Dann geht es weiter mit Sommer, Herbst und Winter.

Jeder Garten ist anders.
Jeder Mensch gärtnert auf seine Weise.

Wir können viel von der Natur lernen.
Im Garten läuft <u>nicht</u> immer alles nach Plan.
Manche Pflanzen wachsen <u>nicht</u> gut.
Manche Pflanzen werden zu groß für das Beet.
Das ist <u>nicht</u> schlimm.
Beim nächsten Versuch klappt es oft schon besser.

Das Gärtnern braucht Zeit und Geduld.
Dieses Buch zeigt,
wie Sie anfangen können zu gärtnern.
Sie können danach immer weiter lernen.
Denn jede Pflanze ist anders,
und jedes Jahr ist anders.

Beim Gärtnern können alle dabei sein.
Egal ob mit oder ohne Behinderung.
Alle können helfen,
die Natur zu schützen.

Durch das Gärtnern können wir
gemeinsam die Welt verändern.
Wir können die Welt schöner machen,
damit sie für alle ein besserer Ort wird.
Das ist eine große Sache.
Diese große Sache fängt mit den kleinen Sachen an.
Zum Beispiel mit Gemüse-Pflanzen auf der Fenster-Bank.

Viel Spaß beim Gärtnern und Lesen.

Frühling

Im Frühling erwacht die Natur aus dem Winter-Schlaf.
Igel und Eich-Hörnchen kommen aus ihren Verstecken.
Die ersten Bienen fliegen durch die Luft.
Die Vögel bauen ihre Nester.
Jeden Morgen hören wir ihren Gesang.

Bäume und Sträucher bekommen im Frühling neue Knospen.
Die Knospen werden zu neuen Blättern und Blüten.
Überall in der Natur wächst frisches Grün.

Viele Menschen freuen sich über den Frühling.
Wir verbringen wieder mehr Zeit an der frischen Luft.
Wir genießen die warme Frühlings-Sonne.
Und wir gehen wieder in unseren Garten.

Nach dem Winter gibt es viel für unser Beet zu tun:

- Wir pflanzen Gemüse auf der Fenster-Bank.
- Wir räumen den Garten auf.
- Wir pflanzen das erste Gemüse in unser Beet.
- Wir bauen ein besonderes Beet für Kartoffeln.

In der Wohnung gärtnern

Am Anfang vom Frühling ist es draußen oft noch kalt.
Deshalb können wir noch nichts in unserem Beet anpflanzen.
Denn die meisten Pflanzen brauchen Wärme.

Wir können die neue Garten-Zeit aber vorbereiten.
Wir können erste Pflanzen fürs Beet vorziehen.
Vorziehen bedeutet:
Wir pflanzen in der Wohnung oder einem Gewächs-Haus.
Dort können die Pflanzen im Warmen wachsen.
Meist ziehen wir Kräuter und Frühlings-Gemüse vor.
Zum Beispiel Salat oder Tomaten.

Das Vorziehen ist ein alter Trick.
Wir können die Garten-Zeit dadurch verlängern.
Die Pflanzen haben mehr Zeit zum Wachsen.
Und wir können früher und öfter ernten.

Salat

Wir säen auf der Fenster-Bank

Auf der Fenster-Bank ist es oft hell und warm.
Sie ist ein guter Ort für das Vorziehen von Gemüse.
Beim Vorziehen pflanzen wir Samen in kleine Blumen-Töpfe.
Ein anderes Wort dafür ist Säen.
Aus den Samen wachsen kleine Pflanzen.
Die kleinen Pflanzen heißen Keimlinge.
Die Keimlinge pflanzen wir später in den Garten.

Viele Gemüse-Sorten eignen sich gut zum Vorziehen.
Manche Gemüse-Sorten pflanzt man besser direkt in den Garten.
Diese Info steht auf der Samen-Packung.

Auf der Samen-Packung steht auch der richtige Moment.
Meistens beginnen wir im Monat März mit dem Vorziehen.
Manche Keimlinge brauchen länger zum Wachsen.
Dann beginnen wir schon im Monat Februar.

Beim Vorziehen müssen wir auch wissen:
So viel Platz braucht der Keimling zum Wachsen.
Bei Salat passen zum Beispiel mehrere Samen in einen Topf.
Bei Zucchinis legen wir in jeden Topf nur einen Samen.

Wir brauchen:

Blumen-Töpfe
Verschiedene Samen
Gekaufte Anzucht-Erde
1 Sprüh-Flasche mit Wasser
1 kleine Schaufel
Etiketten
1 Stift

Anzucht-Erde ist eine besondere Erde.
Anzucht-Erde ist die beste Erde für Keimlinge.
Wir können sie im Bau-Markt oder Super-Markt kaufen.

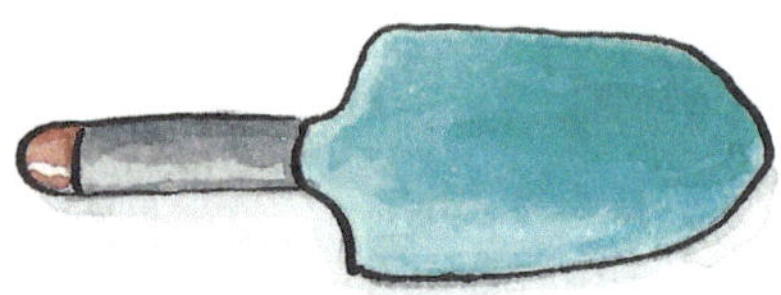

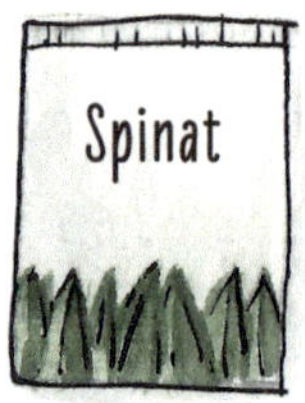

Schritt 1

Wir füllen die Anzucht-Erde in die Blumen-Töpfe.
Das machen wir mit der kleinen Schaufel.
Die Töpfe müssen bis zum oberen Rand gefüllt sein.

Schritt 2

Wir glätten die Erde vorsichtig.
Die Erde soll locker bleiben.
So können die Pflanzen gut wachsen.

Schritt 3

Wir nehmen die Samen in die Hand.
Wir verteilen sie gleichmäßig in den Töpfen.
In die Töpfe legen wir einen oder mehrere Samen.
Das kommt auf die Pflanzen-Sorte an.
Wir säen nur eine Pflanzen-Sorte pro Topf.

Schritt 4

Wir bedecken die Samen mit Erde.
Wir nehmen nur wenig Erde.
Die Erde drücken wir leicht an.

Schritt 5

Jetzt gießen wir.
Dafür benutzen wir die Sprüh-Flasche.
Die Samen brauchen nur wenig Wasser.

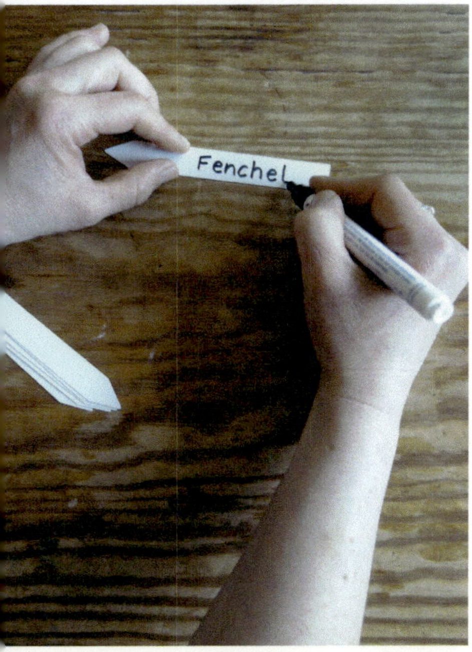

Schritt 6

Für jeden Topf nehmen wir ein Etikett.
Darauf schreiben wir,
welche Samen-Sorte im Topf ist.
Am besten machen wir das immer sofort.
So kommen wir <u>nicht</u> durcheinander.
Auf die Rückseite schreiben wir das Datum.
Das Etikett stecken wir am Rand vom Topf in die Erde.

Schritt 7

Die Töpfe stellen wir auf eine Fenster-Bank.
Am Anfang brauchen die Samen oft Wasser.
Aber sie brauchen nur wenig Wasser auf einmal.
Darum müssen wir jeden Tag ans Gießen denken.

Schritt 8

Nach einigen Tagen keimen die Samen.
In den Töpfen wachsen die ersten Keimlinge.
Am Anfang sind sie ganz klein und zart.
Aber sie werden jeden Tag größer und kräftiger.
Bald können wir sie in den Garten pflanzen.

Die Garten-Zeit beginnt

Im Frühling wird es langsam wärmer.
Wir können das erste Gemüse ins Beet pflanzen.
Wir machen aber zuerst einen Frühjahrs-Putz im Garten.
Nach dem Winter müssen wir Ordnung schaffen.
Wir suchen unsere Garten-Geräte zusammen.
Und wir räumen unser Beet auf.

Ein ordentliches Beet können wir gut bepflanzen.
Beim Bepflanzen müssen wir auf das Wetter achten.
Denn im Frühling ist das Wetter sehr wechselhaft.
Wechselhaft bedeutet:
Manchmal ist es schon sehr warm.
Und manchmal ist es fast so kalt wie im Winter.

Deshalb pflanzen wir zuerst Frühlings-Gemüse.
Zum Beispiel Salat und Radieschen.
Das Frühlings-Gemüse ist <u>nicht</u> so empfindlich.
Es überlebt kalte Tage und Nächte.

Wir pflegen unser Beet

Nach dem Winter braucht unser Beet Pflege.
In der Erde sind noch alte Wurzeln und Pflanzen-Reste.
Auf der Erde liegen trockene Blätter und Zweige.

Deshalb müssen wir unser Beet aufräumen.
Und wir brauchen neue Erde für das Beet.
Die neue Erde enthält viele Nähr-Stoffe.
Nähr-Stoffe sind Nahrung für Pflanzen.
Die Pflanzen können so besser wachsen.

Wir können neue Erde in einem Garten-Markt kaufen.
Oder wir nehmen Erde vom Kompost.
Der Kompost ist ein Platz im Garten.
Dort sammeln wir Laub und Pflanzen-Reste.
Aus dem Laub und den Pflanzen-Resten wird neue Erde.
Das dauert etwa ein Jahr.
Dann können wir die neue Erde für das Beet benutzen.

Oft gibt es in einem Garten 2 Kompost-Haufen:

- einen Kompost-Haufen vom letzten Jahr mit fertiger Erde.
- einen Kompost-Haufen für die Garten-Abfälle von diesem Jahr.

Wir brauchen:

Kompost-Erde oder
1 Sack gekaufte Blumen-Erde
1 Kompost-Haufen
1 große Schaufel
1 kleine Schaufel
1 Schub-Karre
1 Gieß-Kanne mit Wasser
Samen

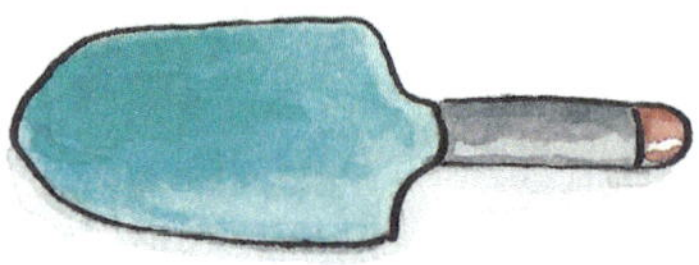

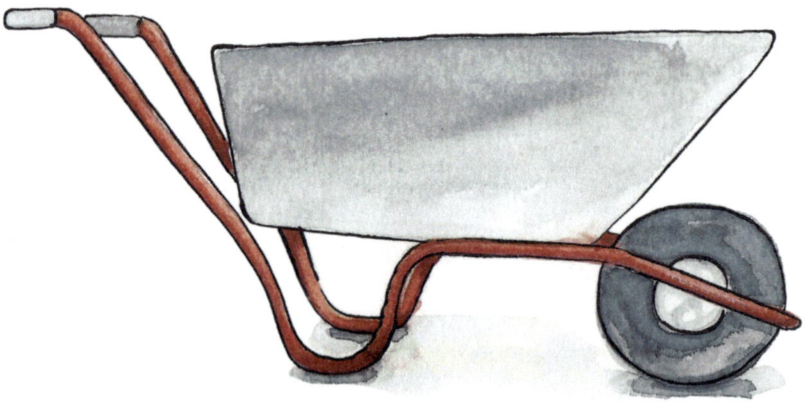

Schritt 1

Nach dem Winter liegen oft Sachen auf der Erde.
Zum Beispiel kleine Zweige und Laub.
Das sammeln wir alles ein.
Wir werfen es in eine Schub-Karre.

Schritt 2

In der Erde befinden sich oft noch alte Wurzeln.
Sie sind von den Pflanzen aus dem letzten Jahr.
Wir sammeln die alten Wurzeln aus der Erde.
Dann ziehen wir das Unkraut aus der Erde.
Wir werfen Wurzeln und Unkraut in die Schub-Karre.

Schritt 3

Mit der Schub-Karre fahren wir zum Kompost-Haufen.
Oft gibt es im Garten 2 Kompost-Haufen:

- einen Kompost-Haufen mit fertiger Erde.
- einen Kompost-Haufen für die neuen Garten-Abfälle.

Wir fahren zum Kompost-Haufen für die neuen Garten-Abfälle.
Dort leeren wir die Schub-Karre aus.

Schritt 4

Wir gehen zum Kompost vom letzten Jahr.
Dort sind Pflanzen-Reste zu Kompost-Erde geworden.
Diese Kompost-Erde brauchen wir jetzt für unser Beet.
Wir füllen die Kompost-Erde in die Schub-Karre.

Man kann auch gekaufte Erde nehmen.
Die gibt es im Super-Markt oder im Bau-Markt.

Schritt 5

Wir bringen die Kompost-Erde zum Beet.
Oder wir nehmen die gekaufte Erde.
Wir verteilen die neue Erde gleichmäßig auf dem Beet.
Die neue Erde ist gut für die Pflanzen.
Sie enthält viele Nähr-Stoffe.

Schritt 6

Wir mischen die neue Erde mit der Erde im Beet.
Dazu stechen wir mit einer kleinen Schaufel in die Erde.
Wir drehen die Schaufel in der Erde.
Dann ziehen wir die Schaufel wieder raus.
Das bringt Luft in die Erde und lockert sie auf.

Schritt 7

Wir gießen das Beet.
Danach lassen wir es für einige Tage ruhen.
Das ist gut für die Erde.
Die Erde ist voller kleiner Lebe-Wesen.
Die Lebe-Wesen machen,
dass Pflanzen wachsen können.
In der Ruhe-Zeit erholen sich die Lebe-Wesen.

Schritt 8

Jetzt entscheiden wir,
was im Beet wachsen soll.
Dafür machen wir uns einen Plan auf Papier.
Wir können Gemüse direkt ins Beet säen.
Oder wir pflanzen die Keimlinge
aus unserer Wohnung ins Beet.
Dafür muss es aber warm genug sein.
Es darf tags und nachts <u>nicht</u> kälter als 0 Grad sein.

Gemüse ins Beet pflanzen

Im Frühling können Gemüse-Pflanzen draußen im Garten wachsen:
Wir können junge Gemüse-Pflanzen in die Erde pflanzen.
Wir können Pflanzen-Samen in die Erde säen.

Beim Säen und Pflanzen achten wir auf das Wetter.
Die meisten Gemüse-Pflanzen sterben bei Frost.
Bei Frost ist es kälter als 0 Grad.
Die Gemüse-Pflanzen brauchen Sonne und Wärme zum Wachsen.
Darum müssen wir auf den richtigen Moment warten.

Der richtige Moment ist mal früher und mal später.
Die Wärme kommt in jedem Jahr zu einer anderen Zeit.
In einem Jahr können wir schon im April draußen pflanzen.
Im nächsten Jahr ist es erst im Mai warm genug.

Wir können erfahrene Gärtner nach dem richtigen Moment fragen.
Erfahrene Gärtner arbeiten schon lange als Gärtner.
Sie kennen sich gut aus.
Sie haben das Wetter viele Jahre beobachtet.
Erfahrene Gärtner wissen:
Jetzt ist es warm genug für das Pflanzen im Garten.

Wir pflegen die Jung-Pflanzen

Im Frühling haben wir auf der Fenster-Bank gesät.
Wir haben Pflanzen-Samen in viele kleine Töpfe gelegt.
Aus den Samen sind Keimlinge gewachsen.
Keimlinge sind kleine Pflanzen.

In einem Topf wachsen oft mehrere Keimlinge.
Die Keimlinge werden schnell größer und kräftiger.
Große und kräftige Keimlinge nennen wir Jung-Pflanzen.

Den Jung-Pflanzen wird es im Topf schnell zu eng.
Sie stehen zu dicht nebeneinander.
Sie haben nicht mehr genug Platz zum Wachsen.
Deshalb müssen wir sie umtopfen.
Diese Arbeit nennt man Pikieren.
Jede Jung-Pflanze bekommt einen neuen Topf.
In dem neuen Topf kann die Jung-Pflanze weiter-wachsen.

Nach ein paar Wochen holen wir die Jung-Pflanzen in den Garten.
Wir stellen sie erst an einen geschützten Ort.
Sie müssen sich einige Tage an die frische Luft gewöhnen.
Dann können wir sie in unser Beet pflanzen.

Wir brauchen:

Jung-Pflanzen
Töpfe für die Jung-Pflanzen
1 Gieß-Kanne mit Wasser
Gekaufte Blumen-Erde
1 Pikier-Stab

Schritt 1

Wir füllen Blumen-Erde in die Töpfe.
In die Erde machen wir kleine Löcher.
Das machen wir mit einem Finger.
Oder wir nehmen den Pikier-Stab dafür.

Schritt 2

Wir suchen uns die größten Jung-Pflanzen heraus.
Mit einem Finger graben wir sie vorsichtig aus.
Dann nehmen wir sie aus dem Topf.
Wir versuchen dabei,
viel Erde an der Wurzel zu lassen.
Dann können die Jung-Pflanzen besser weiter-wachsen.
Jung-Pflanzen gehen leicht kaputt.
Wir behandeln sie sehr sanft.

Schritt 3

In jedes Loch setzen wir eine Jung-Pflanze.
Danach schließen wir die Löcher vorsichtig mit Erde.
Wir drücken die Erde um die Pflanze herum leicht an.

Schritt 4

Zum Schluss gießen wir die Jung-Pflanzen vorsichtig.
Wir brauchen nur eine kleine Menge Wasser pro Topf.
Am besten nehmen wir eine Gieß-Kanne mit einem Aufsatz.
Ein Aufsatz verteilt das Wasser gleichmäßig.

Jetzt warten wir 5 bis 8 Wochen.
Die Jung-Pflanzen müssen noch weiter-wachsen.
Sie brauchen jeden Tag ein bisschen Wasser.

Schritt 5

Die Jung-Pflanzen sind größer und kräftiger geworden.
Wir können sie jetzt ins Beet pflanzen.
Dafür muss es draußen warm und trocken sein.

Wir machen mit der Hand Löcher in die Erde.
Für jede Jung-Pflanze brauchen wir ein Loch.
In jedes Loch gießen wir etwas Wasser.

Schritt 6

Wir nehmen die Jung-Pflanze vorsichtig aus dem Topf.
Dabei passen wir gut auf die Wurzeln auf.
Es sollte wieder möglichst viel Erde an der Wurzel sein.
Wir setzen jede Jung-Pflanze in ein Loch.
Das Loch muss tief genug sein.
Die Wurzeln müssen ganz hineinpassen.

Schritt 7

Wir drücken die Erde vorsichtig fest.
Wir lassen Abstand zu den anderen Pflanzen.
Jede Gemüse-Pflanze braucht unterschiedlich viel Platz.
Am besten fragen wir erfahrene Gärtner.
Erfahrene Gärtner wissen,
wie viel Abstand nötig ist.

Schritt 8

Die Jung-Pflanzen brauchen jeden Tag Wasser.
Darum müssen wir ans Gießen denken.
Bei Regen müssen wir nicht gießen.

Die Knolle kennen lernen

Pflanzen vermehren sich.
Vermehren heißt:
Aus einer Pflanze werden viele Pflanzen.
Manche Pflanzen vermehren sich unter der Erde.
Teile ihrer Wurzel werden dann dicker.
Diese dicken Stellen nennt man Knollen.

Eine Pflanze hat oft mehrere Knollen.
Aus jeder Knolle wächst eine neue Pflanze.
Die Pflanze hat sich vermehrt.

Eine Knolle ist innen fest und außen glatt.
Sie speichert für die Pflanze Wasser und Nahrung.
Beides braucht die neue Pflanze zum Wachsen.
Eine bekannte Knolle ist die Kartoffel.

Wir pflanzen Kartoffeln in einen Sack

Pflanzen brauchen Platz zum Wachsen.
Sie brauchen ein großes Beet mit guter Erde.
In der Stadt gibt es wenig Platz für Beete und Pflanzen.
Stadt-Gärtner müssen den Platz deshalb sinnvoll nutzen.
Das bedeutet:
Sie bauen viele Pflanzen auf einer kleinen Fläche an.

Für Kartoffeln haben sich Gärtner etwas Kluges überlegt:
Sie pflanzen die Kartoffeln in einen Sack.
In dem Sack wächst die Kartoffel-Pflanze in die Höhe.
So können wir Kartoffeln auf dem Balkon anpflanzen.
Im Sack wachsen unter der Erde viele Kartoffeln.
Aus einer Kartoffel werden etwa 10 neue Kartoffeln.

Für einen Kartoffel-Sack brauchen wir besondere Säcke.
Die Säcke müssen Wasser durch-lassen.
Sonst wird die Erde im Sack zu nass.
Diese Art von Säcken nennt man Gewebe-Säcke.
Gewebe-Säcke kann man in einem Bau-Markt kaufen.
Es gibt Gewebe-Säcke auch für Lebens-Mittel wie Reis.
Reis-Säcke gibt es in manchen Super-Märkten umsonst.

Wir brauchen:

1 Gewebe-Sack
2 große Kartoffeln
Kompost-Erde oder gekaufte Blumen-Erde
1 Spaten
1 Gieß-Kanne mit Wasser

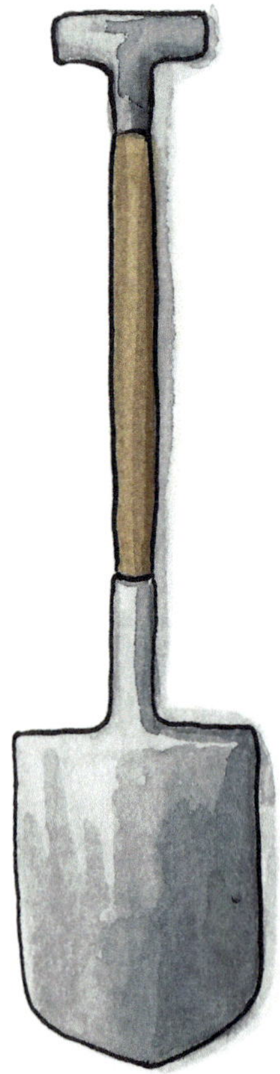

Schritt 1

Als erstes brauchen wir den Gewebe-Sack.
Innen im Sack befindet sich oft eine Plastik-Folie.
Mit der Folie lässt der Sack kein Wasser durch.
Deshalb müssen wir die Folie entfernen.
Sie lässt sich ganz leicht herausziehen.

Schritt 2

Dann krempeln wir das obere Ende vom Sack um.
Wir krempeln so weit,
dass der Sack bis zum Knie geht.
Der Sack darf am Anfang nicht zu hoch sein.

Schritt 3

Wir nehmen die große Schaufel.
Mit der Schaufel füllen wir die Erde in den Sack.
Wir lassen 15 Zentimeter Platz bis zum oberen Rand.

Schritt 4

Wir legen die 2 Kartoffeln in den Sack hinein.
Dann bedecken wir sie mit Erde.
Die Erd-Schicht sollte <u>nicht</u> zu dick sein.
Es reichen etwa 10 Zentimeter Erde.

Schritt 5

Wir gießen die Erde mit viel Wasser.
Dann müssen wir 3 bis 4 Wochen warten.
Aus den Kartoffeln wachsen in der Zeit neue Pflanzen.
Zum Wachsen brauchen sie jeden Tag Wasser.

Schritt 6

Die neuen Kartoffel-Pflanzen wachsen aus der Erde.
Sie müssen etwa 20 Zentimeter hoch sein.
Dann können wir sie wieder mit Erde bedecken.
Wir schütten neue Erde in den Sack.
Das machen wir mit unseren Händen.
Oder wir nehmen eine kleine Schaufel.

Schritt 7

Die Kartoffel-Pflanzen wachsen immer weiter.
Wir füllen den Sack immer weiter auf.
Dafür krempeln wir den Rand vom Sack weiter hoch.
Und wir schütten mehr Erde in den Sack.
Diesen Schritt wiederholen wir alle 3 bis 4 Wochen.
Zwischendurch dürfen wir das Gießen nicht vergessen.

Schritt 8

Im Spät-Sommer verändert sich die Kartoffel-Pflanze.
Die Blätter werden braun und trocken.
Nun können wir ernten.
Wir schütten die Erde aus dem Sack.
In der Erde finden wir die neuen Kartoffeln.
Wir sammeln sie aus der Erde heraus.
Man kann Kartoffeln an einem dunklen
und trockenen Platz lange lagern.

Sommer

Der Sommer ist die wärmste Zeit im Jahr.
Die Sonne scheint viel.
Es regnet weniger als im Frühling und Herbst.
Und abends bleibt es lange hell.

Wir können im Sommer oft draußen sein.
Wir können zum Beispiel abends im Park grillen.
Wir können auf dem See Boot fahren.
Oder wir gehen baden und essen Eis.

Im Garten ist es im Sommer sehr schön.
Viele Pflanzen bekommen bunte Blüten.
Wir ernten die ersten Früchte.

Für uns Gärtner gibt es viel zu tun:

- Wir schützen unser Beet vor der Hitze.
- Wir entfernen das Unkraut aus unserem Beet.
- Wir machen leckeres Essen aus den Garten-Pflanzen.
- Wir bauen ein Gerüst für die Bohnen-Pflanze.

Die Erde im Beet schützen

In der Natur ist die Erde meistens bedeckt.
Auf der Erde liegen viele Pflanzen-Reste.
Pflanzen-Reste sind zum Beispiel vertrocknete Blätter und Zweige.
Die Pflanzen-Reste bilden eine natürliche Schutz-Schicht.
Sie schützen die Erde vor:

- Sonne
- Regen
- Wind
- Kälte

Ohne Schutz trocknet die Erde aus.
Die Erde verliert Nähr-Stoffe.
Nähr-Stoffe sind Nahrung für die Pflanzen.
Ohne Nähr-Stoffe können Pflanzen <u>nicht</u> wachsen.

Gärtner schützen deshalb die Erde im Garten.
Sie haben von der Natur gelernt:
Sie bedecken die Erde in ihren Beeten.
Wir nennen diese Arbeit Mulchen.
Das Mulchen ist eine wichtige Arbeit beim Gärtnern.
Es schützt und pflegt die Erde.

Wir mulchen das Beet

Im Sommer gibt es im Garten viele Garten-Abfälle.
Zum Beispiel Unkraut oder Blätter von Gemüse-Pflanzen.
Mit den Garten-Abfällen können wir unser Beet mulchen.
Mulchen heißt:

- Wir schneiden die Garten-Abfälle klein.
- Wir bedecken die Erde damit.

Wir mulchen unser Beet zu jeder Jahres-Zeit.
Im Sommer braucht es besonders viel Pflege.
Denn die Erde trocknet durch die Wärme schnell aus.
Und unsere Pflanzen wachsen jetzt sehr schnell.
Dafür brauchen sie viele Nähr-Stoffe.

Mulchen sorgt für neue Nähr-Stoffe in der Erde.
Denn die Mulch-Schicht verrottet nach einigen Wochen.
Verrotten bedeutet:
Aus der Mulch-Schicht wird neue Erde.
Diese Erde enthält viele Nähr-Stoffe.
Wir warten,
bis die Mulch-Schicht verrottet ist.
Dann mulchen wir das Beet neu.

Wir brauchen:

1 Eimer
1 Garten-Schere
Mulch-Material

Zum Beispiel:
- ausgezupftes Unkraut
- abgeschnittenes Gras
- Stroh
- Laub

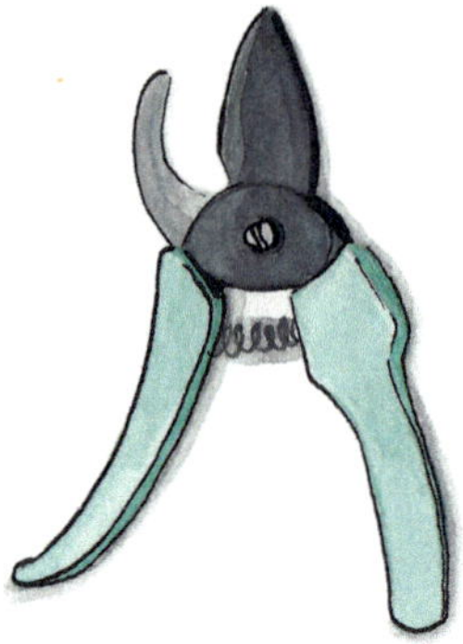

Schritt 1

Zuerst müssen wir das Beet vorbereiten.
Wir ziehen das Unkraut aus der Erde heraus.
Das Wort für diese Arbeit ist Jäten.
Wir jäten das ganze Beet.
Unsere Gemüse-Pflanzen lassen wir stehen.
Das Unkraut können wir gleich als Mulch-Material benutzen.

Schritt 2

Wir zerkleinern das Mulch-Material mit der Schere.
Wir können es auch mit den Händen zerkleinern.
Das zerkleinerte Mulch-Material legen wir in einen Eimer.

Schritt 3

Wir legen eine Mulch-Schicht um die Pflanzen herum.
Die Schicht sollte 2 bis 4 Zentimeter dick sein.
Wir verteilen das Mulch-Material gut zwischen den Pflanzen.

Schritt 4

Wenn die Mulch-Schicht verrottet ist,
mulchen wir neu.
Wir legen neues Mulch-Material auf das Beet.
Wir mulchen mehrere Male im Jahr.
So ist die Erde zwischen den Pflanzen immer bedeckt.

Unkraut kennen lernen

Im Garten pflanzen wir Gemüse in ein Beet.
Zum Beispiel Bohnen oder Kartoffeln.

Manche Pflanzen wachsen im Beet von ganz allein.
Viele Menschen nennen diese Pflanzen Unkraut.
Unkraut bedeutet:
Die Pflanzen stören im Beet.
Sie nehmen unseren Pflanzen den Platz weg.
Deshalb müssen wir das Unkraut jäten.
Jäten heißt:
Wir entfernen das Unkraut aus dem Boden.

Aber Unkraut ist auch wichtig für den Garten.
Zum Beispiel für Insekten.
Oft kann man Unkraut auch essen.
Darum sagen manche Gärtner Bei-Kraut.
Das klingt netter als Unkraut.
Ein bekanntes Bei-Kraut ist die Brennnessel.

Wir machen Brennnessel-Jauche

Unsere Pflanzen sollen gut wachsen.
Darum geben wir ihnen Dünger.
Dünger ist ein Mittel,
das Pflanzen Nahrung gibt.

Es gibt natürliche und chemische Dünger.
Chemische Dünger sind giftig für viele Lebe-Wesen.
Natürliche Dünger sind <u>nicht</u> giftig.
Darum benutzen wir im Garten natürliche Dünger.

Brennnesseln sind ein guter Dünger.
Denn Dünger aus Brennnesseln ist natürlich.
Er heißt Brennnessel-Jauche.
Jauche ist flüssig und stinkt.
Sie besteht aus Pflanzen-Resten und Wasser.

Brennnessel-Jauche schützt die Pflanzen.
Sie schützt sie zum Beispiel vor Schädlingen.
Und sie lässt Pflanzen besser wachsen.

Wir brauchen:

1 Eimer voll Brennnesseln
1 Eimer mit Deckel
Hand-Schuhe
1 Gieß-Kanne mit 10 Litern Wasser
1 Sieb
1 Stock

Achtung: Brennnesseln brennen auf der Haut.
Darum müssen wir Hand-Schuhe anziehen.

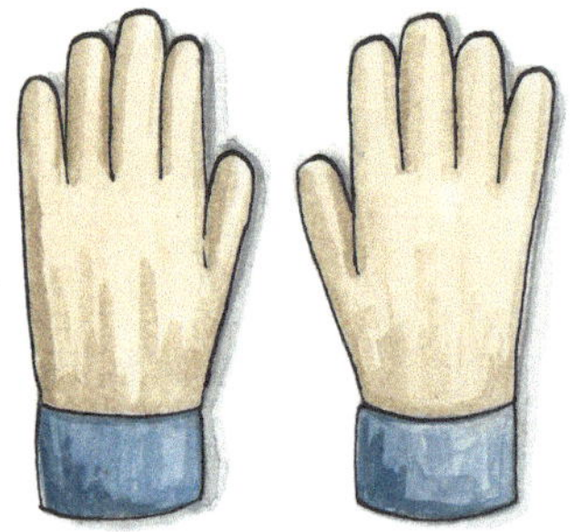

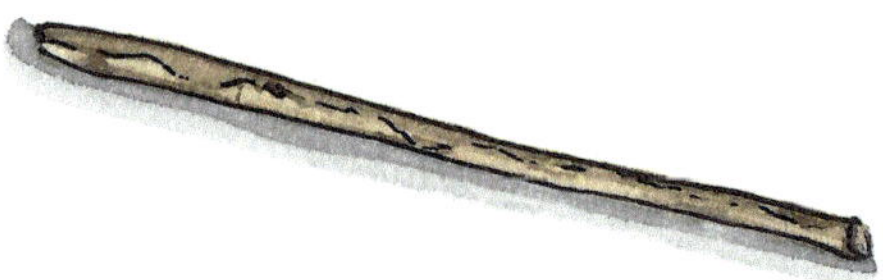

Schritt 1

Wir ziehen die Hand-Schuhe an.
Dann pflücken wir im Garten Brennnesseln.
Wir nehmen einen Eimer mit Deckel.
Wir rupfen die Brennnesseln in kleine Stücke.
Dann werfen wir die Brennnesseln in den Eimer.

Schritt 2

Wir füllen 10 Liter Wasser in den Eimer.
Der Eimer sollte <u>nicht</u> ganz voll sein.
Wir rühren alles einmal um.
Dafür nehmen wir einen Stock.
Dann machen wir den Eimer fest zu.

Schritt 3

Wir stellen den Eimer an einen schattigen Ort.
In der Sonne wird die Jauche warm.
Wärme ist schlecht für die Jauche.
Darum muss die Jauche immer im Schatten stehen.

Schritt 4

Nach einer Woche öffnen wir den Eimer.
Wir rühren die Jauche mit einem Stock um.
Die Jauche stinkt kräftig.
Das ist normal.
Nach dem Umrühren verschließen wir den Eimer wieder.

Schritt 5

Wir warten noch einmal 3 bis 4 Wochen.
Dann öffnen wir den Eimer wieder.
Die Jauche ist fertig,

- wenn etwas Schaum auf der Jauche ist.
- wenn die Farbe leicht gelb und grün ist.

Schritt 6

Jetzt brauchen wir einen leeren Eimer.
Wir legen ein Sieb auf den leeren Eimer.
Wir gießen die Jauche durch das Sieb.
Es dürfen keine Pflanzen-Reste in der Jauche bleiben.
Das Wort für diese Arbeit ist Filtrieren.

Die Jauche kann jetzt im Eimer bleiben.
Wir stellen sie mit Deckel wieder an einen schattigen Ort.

Schritt 7

Wir können die Jauche den ganzen Sommer über benutzen.
Einmal pro Monat düngen wir unser Beet mit der Jauche.
Dafür müssen wir die Jauche verdünnen.
Verdünnen heißt:
Wir mischen die Jauche mit Wasser.
1 Liter Jauche mischen wir mit 8 Litern Wasser.

Schritt 8

Wir gießen das Beet mit der Mischung.
Unsere Pflanzen werden so noch besser wachsen.
Das stinkt jedes Mal ein bisschen.
Aber der Geruch geht schnell weg.
Wir passen auf,
dass unsere Kleidung sauber bleibt.

Essbare Blüten pflücken

Im Sommer blühen viele Pflanzen.
Sie blühen auch in unserem Gemüse-Garten.
Die Blüten sehen sehr schön aus.
Viele Blüten duften gut.
Was viele nicht wissen:
Viele Blüten sind essbar.
Einige Blüten schmecken auch gut.

Wir essen Blüten nur,
wenn wir sicher wissen:
Diese Blüten sind wirklich essbar.
Wir waschen die Blüten,
bevor wir sie essen.

Die meisten essbaren Blüten schmecken besonders.
Die Blüte von der Kapuziner-Kresse schmeckt scharf.
Die Blüte von der Zucchini-Pflanze schmeckt etwas süß.
Die Blüte vom Borretsch schmeckt wie Gurke.

Wir machen Blüten-Butter

Unser Garten ist im Sommer schön bunt.
Viele Pflanzen haben jetzt Blüten.
Manche Blüten können wir essen.
Sie sind lecker und gesund.
Und sie bringen Farbe auf den Teller.

Wir können Blüten zum Beispiel in einen Salat mischen.
Wir können sie auch zum Dekorieren verwenden.
Dekorieren heißt:
Wir legen sie auf oder neben unser Essen.
Oder wir machen Brot-Aufstrich mit Blüten.
Zum Beispiel Blüten-Butter.

Wir verwenden nur Blüten aus unserem Garten.
Wir pflücken nur Blüten,
die offen sind.
Eine gute Zeit zum Pflücken sind Vormittag und Nachmittag.
Die Blüten werden schnell welk.
Welk bedeutet:
Die Blüten werden trocken.
Darum essen wir die Blüten am besten kurz nach dem Pflücken.

Wir brauchen:

1 Hand voll Blüten von der Kapuziner-Kresse
1 Hand voll Blüten von der Ringel-Blume
1 Hand voll Blüten vom Borretsch
1 Schale mit Wasser für die Blüten
1 Sieb
1 Küchen-Hand-Tuch
1 Schüssel für die Butter
1 Löffel aus Holz zum Umrühren
1 Schneide-Brett
1 Päckchen Butter
1 Hand voll Garten-Kräuter,
zum Beispiel Petersilie oder Schnittlauch
1 Zitrone
1 Zehe Knoblauch
1 Tee-Löffel Salz
1 Tee-Löffel Pfeffer

Schritt 1

Wir suchen in unserem Garten nach:

- Borretsch
- Ringel-Blumen
- Kapuziner-Kresse

Beim Pflücken müssen wir aufpassen.
In den Blüten sitzen oft noch Insekten.
Bienen und Hummeln können stechen.
Auch Ameisen übersieht man leicht.

Schritt 2

Von jeder Sorte Pflanzen pflücken wir eine Hand voll Blüten.
Wir legen die Blüten in eine Schale mit Wasser.
Wir nehmen kühles, sauberes Wasser.

Schritt 3

Wir legen die Blüten in ein Sieb.
Wir waschen die Blüten unter fließendem Wasser.
Das machen wir besonders vorsichtig.
Denn Blüten sind sehr empfindlich.

Schritt 4

Wir breiten ein Küchen-Hand-Tuch auf einem Tisch aus.
Dann legen wir die Blüten darauf.
Hier lassen wir die Blüten trocknen.
Wir können sie auch vorsichtig abtupfen.

Schritt 5

Von den Ringel-Blumen schmecken nur die Blüten-Blätter.
Die Blüten-Blätter sind gelb oder orange.
Der grüne Teil von der Blüte ist bitter.
Darum zupfen wir die Blüten-Blätter ab.
Den grünen Teil werfen wir weg.

Schritt 6

Wir nehmen:

- die Blüten
- die Garten-Kräuter
- den Knoblauch

Wir legen alles auf das Küchen-Brett.
Dann schneiden wir alles mit dem Messer klein.

Schritt 7

Jetzt legen wir alle Zutaten in die Schüssel.
Auch die Butter geben wir dazu.
Die Butter sollte weich sein.
Wir vermischen alles miteinander.
Dafür benutzen wir den Löffel.

Schritt 8

Am Ende schmecken wir die Butter ab.
Abschmecken bedeutet:
Wir geben Salz, Pfeffer und Zitrone dazu.
Diese Zutaten haben einen starken Geschmack.
Wir nehmen nur wenig davon.
Wir probieren,
ob die Butter gut schmeckt.
Guten Appetit.

Den Pflanzen ein Zuhause geben

Wir Menschen bauen Pflanzen zum Essen an.
Von diesen Pflanzen ernten wir:

- Obst
- Gemüse
- Getreide

Für den Anbau müssen wir viel über Pflanzen lernen.
Denn jede Pflanze hat andere Bedürfnisse.
Bedürfnis bedeutet:
Etwas zum Leben brauchen.

Tomaten-Pflanzen brauchen zum Beispiel viel Wasser.
Erdbeeren mögen viel Sonne und Wärme.
Zucchini-Pflanzen brauchen viel Platz.
Bohnen-Pflanzen brauchen ein Gerüst zum Wachsen.

Für unser Beet im Garten lernen wir:
Das brauchen unsere Pflanzen.
So können wir den Pflanzen ein gutes Zuhause geben.
Die Pflanzen können besser wachsen.
Wir können mehr Gemüse ernten.

Wir bauen ein Gerüst für Pflanzen

Bohnen-Pflanzen brauchen etwas zum Festhalten.
Darum bauen wir ihnen ein Gerüst.
Dafür nehmen wir dünne Stangen.
Zum Beispiel Bambus-Stangen oder Schilf-Rohre.
Die Stangen müssen stabil sein.

Die Bohnen-Pflanzen wachsen an den Stangen hoch.
Sie haben kleine Haken an den Blättern.
Mit den Haken halten sie sich an der Stange fest.
So können sie sehr hoch wachsen.

Mit einem Gerüst ist es bequem,
die Bohnen zu ernten.
Wir müssen uns dabei nicht bücken.
Später sieht das Gerüst schön aus:
Wie ein grünes Haus aus Bohnen-Pflanzen.

Wir brauchen:

7 Bambus-Stangen
1 Knäuel Schnur
1 Schere
Bohnen-Samen
1 Gieß-Kanne mit Wasser

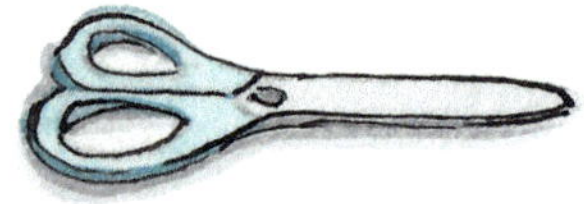

Schritt 1

Wir nehmen uns 2 Bambus-Stangen.
Wir binden die Stangen am oberen Ende zusammen.
Dafür nehmen wir die Schnur.
Wir schneiden ein Stück von der Schnur ab.
Wir wickeln die Schnur um beide Stangen herum.
Dann machen wir einen Doppel-Knoten.
Diesen Schritt wiederholen wir mit den anderen Stangen.
Am Ende haben wir 3 Stangen-Paare.

Schritt 2

Wir stellen die 3 Stangen-Paare in das Beet.
Zwischen den Paaren lassen wir etwa 20 Zentimeter Abstand.
Wir stecken die Stangen in die Erde.
Die Stangen müssen tief in der Erde stecken.
So stehen sie stabil.

Schritt 3

Zum Schluss brauchen wir noch eine Quer-Stange.
Dafür nehmen wir die letzte Bambus-Stange.
Wir legen sie quer auf die 3 Stangen-Paare.
Die Quer-Stange binden wir auch fest.
Wir binden sie an jedes Stangen-Paar.
Dafür brauchen wir noch einmal die Schnur.

Schritt 4

Wir nehmen die Bohnen-Samen.
An jeder Stange pflanzen wir 2 Samen.
Dafür graben wir die Samen etwa 1 Zentimeter ein.
Wir gießen die Stelle,
wo die Samen sind.
Später können die Bohnen-Pflanzen am Gerüst hoch-wachsen.

Herbst

Im Herbst geht die Garten-Zeit langsam zu Ende.
Abends wird es immer früher dunkel.
Nach dem warmen Sommer wird es wieder kühler.
Die Blätter an den Bäumen verändern ihre Farbe.
Sie werden gelb, orange oder rot.

Draußen können wir viele schöne Sachen machen:
Wir können zum Beispiel bunte Blätter sammeln.
Oder wir können Drachen im Wind fliegen lassen.

Im Garten ist es Zeit für die Ernte.
Viele Gemüse-Sorten sind jetzt reif.
Zum Beispiel der Kürbis und der Spinat.
Wir säen keine neuen Pflanzen mehr.
Unser Beet wird immer leerer.

Vor dem Winter gibt es im Garten noch vieles zu tun:
- Wir ernten das Gemüse aus unserem Beet.
- Wir sammeln Samen für das nächste Garten-Jahr.
- Wir machen neue Erde für unser Beet.

Die Ernte feiern

Eine gute Ernte ist wichtig für uns.
Denn wir brauchen Obst, Gemüse und Getreide.
Nur so haben wir genug zu essen.
Früher war das noch wichtiger.
Da gab es noch keine großen Super-Märkte.
Fast alle Menschen haben auf dem Land gearbeitet.
Ihre Ernte musste für den ganzen Winter reichen.

Die Menschen feiern überall auf der Welt ein Ernte-Fest.
Sie bedanken sich damit für die Ernte.
Ernte-Feste feiern wir meist im Herbst.
Denn das Garten-Jahr ist dann zu Ende.
Im Winter wächst kein neues Gemüse mehr.

Im Herbst sind viele Früchte reif.
Zum Beispiel Äpfel und Pflaumen.

Wir machen Gemüse-Brühe

Beim Kochen von Gemüse gibt es oft Reste.
Gemüse-Reste sind zum Beispiel:

- die Schalen von Möhren
- die Enden von Lauch
- die Blätter von Kohlrabi

Die Gemüse-Reste können wir noch benutzen.
Wir können zum Beispiel Gemüse-Brühe daraus kochen.
Gemüse-Brühe ist wie ein Tee aus Gemüse.
Wir können warme Gemüse-Brühe trinken,
wenn wir uns krank fühlen.
Wir können Suppen mit Gemüse-Brühe kochen.
Wir können Gemüse-Brühe für Soßen benutzen.
Mit Gemüse-Brühe bekommt das Essen mehr Geschmack.

Für die Gemüse-Brühe nehmen wir nur Reste von Bio-Gemüse.
Wir können fast jede Gemüse-Sorte benutzen.
Wir benutzen <u>nicht</u> die Reste von Kartoffeln.
Wir können die Gemüse-Reste immer wieder neu mischen.
So finden wir heraus:
Diese Mischung schmeckt uns besonders gut.

Wir brauchen:

Verschiedene Gemüse-Sorten
1 Messer zum Schneiden und Schälen
1 Schüssel mit Deckel zum Einfrieren

1 Kilo-Gramm Gemüse-Reste
1 Herd-Platte
2 große Koch-Töpfe
1 feines Sieb
1 Kelle
Schraub-Gläser mit Deckel zum Einfrieren

Schritt 1

Wir waschen und trocknen das Gemüse.
Dann schneiden und schälen wir das Gemüse.
Beim Schneiden und Schälen bleiben Gemüse-Reste übrig.

Wir legen die Gemüse-Reste in eine Schüssel mit Deckel.
Die Schüssel stellen wir in den Tief-Kühl-Schrank.
Nach jedem Kochen kommen mehr Gemüse-Reste dazu.
So haben wir bald viele verschiedene Gemüse-Reste.

Schritt 2

Wir nehmen die Gemüse-Reste aus dem Tief-Kühl-Schrank.
Wir legen sie in einen großen Koch-Topf.
Wir tun etwas Salz in den Koch-Topf.
Dann füllen wir den Koch-Topf mit Wasser.
Das Wasser muss die Gemüse-Reste bedecken.

Wir lassen die Gemüse-Reste für 1 Stunde kochen.
Danach lassen wir die Gemüse-Brühe abkühlen.

Schritt 3

Wir trennen die Gemüse-Reste und die Gemüse-Brühe.
Dafür legen wir das Sieb auf den leeren Koch-Topf.
Wir gießen die Gemüse-Brühe langsam durch das Sieb.
In einem Koch-Topf ist jetzt die Gemüse-Brühe.
In dem anderen Koch-Topf sind die Gemüse-Reste.

Die Gemüse-Reste werfen wir in den Bio-Müll.

Schritt 4

Wir füllen die Gemüse-Brühe in Gläser um.
Die Gläser dürfen nicht ganz voll sein.
Wir schließen die Gläser mit einem Deckel.

Die Gläser stellen wir in den Tief-Kühl-Schrank.
Im Tief-Kühl-Schrank ist die Gemüse-Brühe lange haltbar.
Das bedeutet:
Wir können sie viele Monate benutzen.

Die Samen kennen lernen

Jedes Jahr wachsen viele neue Pflanzen.
Sie vermehren sich von ganz allein.
Vermehren heißt:
Aus einer Pflanze werden viele Pflanzen.

Pflanzen vermehren sich auf verschiedene Weise.
Zum Beispiel mit der Hilfe von Samen.
Die Samen kommen aus einer Frucht oder einer Blüte.

Im Herbst sind die Pflanzen-Samen reif.
Sie fallen aus der Pflanze heraus auf die Erde.
Dort bleiben sie den ganzen Winter liegen.
Erst im nächsten Jahr wächst eine Pflanze aus ihnen.

Wir können aber auch Samen von Pflanzen ernten.
Dann können wir sie im nächsten Jahr aussäen.
Aussäen heißt:
Wir legen die Samen in die Erde.
Dann wachsen die Pflanzen,
wann und wo wir es wollen.

Wir ernten Samen aus der Tomate

Aus unserem Gemüse können wir Samen ernten.
Manche Samen befinden sich in der Pflanzen-Blüte.
Zum Beispiel beim Salat oder der Zwiebel.
Manche Samen befinden sich in der Frucht.
Zum Beispiel bei Bohnen und Paprika.
Die Samen können wir im nächsten Jahr aussäen.
Dann müssen wir <u>keine</u> Samen kaufen.

Wir warten erst,
bis die Samen reif sind.
Reif ist ein Samen,

- wenn die Frucht reif ist.
- wenn die Blüte verblüht ist.

Wir suchen für die Ernte eine schöne Mutter-Pflanze aus.
Sie sollte aus samen-festem Saatgut gewachsen sein.
Samen-fest heißt:
Aus den Samen der Pflanze wachsen neue Pflanzen.
Diese Pflanzen tragen Früchte wie die Mutter-Pflanze.

Wir brauchen:

1 Messer
1 Tomate
1 Schneide-Brett
1 Tee-Löffel
1 Schraub-Glas mit Deckel
Etwa 1 Liter Wasser
1 feines Sieb
1 Küchen-Hand-Tuch
1 kleine Plastik-Tüte

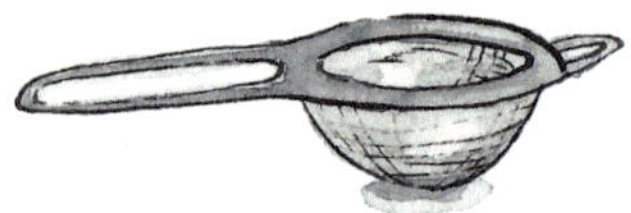

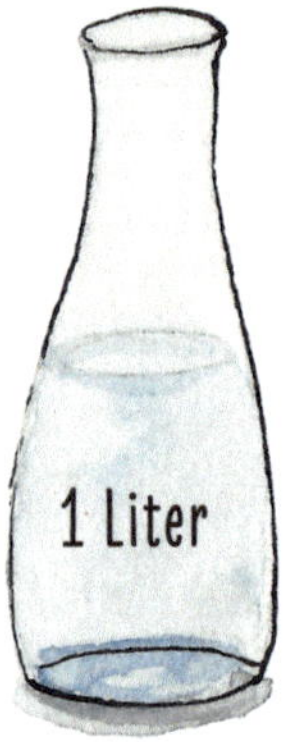

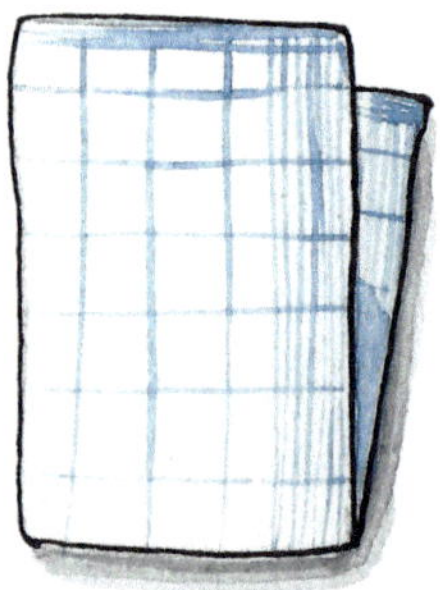

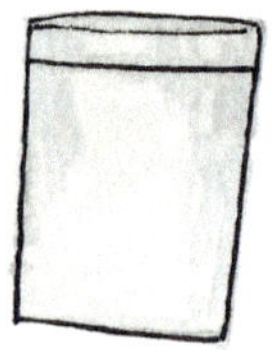

Schritt 1

Wir legen eine Tomate auf das Küchen-Brett.
Dann schneiden wir sie vorsichtig in der Mitte durch.
Wir können jetzt die Samen der Tomate sehen.
Die Samen sind die kleinen hellen Körner in der Tomate.
Sie befinden sich im Frucht-Fleisch.
Das Frucht-Fleisch ist das Innere von der Tomate.

Schritt 2

Jetzt brauchen wir den Löffel und das Schraub-Glas.
Mit dem Löffel nehmen wir
das Frucht-Fleisch aus der Tomate.
Dann legen wir das Frucht-Fleisch in das Schraub-Glas.

Schritt 3

Wir bedecken das Frucht-Fleisch mit Wasser.
Das Wasser sollte etwas warm sein.
Wir nehmen doppelt so viel Wasser wie Frucht-Fleisch.

Schritt 4

Wir stellen das Glas mit Deckel auf eine helle Fenster-Bank.
In das Glas soll ein bisschen Luft kommen.
Darum legen wir den Deckel nur auf das Glas.

Schritt 5

Nach 2 bis 4 Tagen nehmen wir das Glas mit Deckel.
Dann gießen wir alles durch ein Sieb.
Im Sieb bleiben die Samen liegen.
Die Samen behalten wir.
Das Wasser brauchen wir nicht mehr.

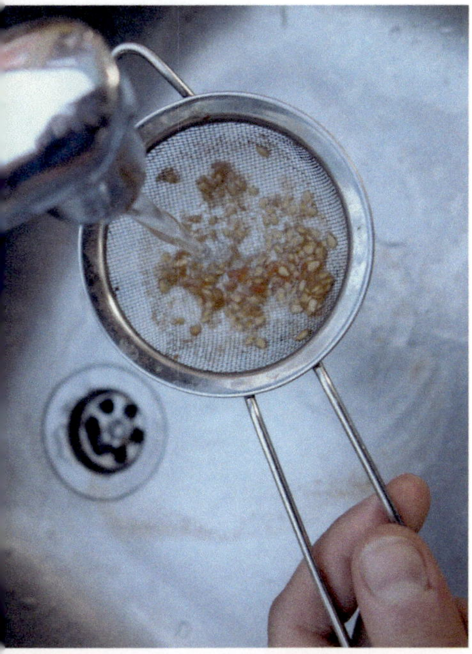

Schritt 6

Wir spülen die Samen vorsichtig mit Wasser ab.
Die Samen müssen sauber sein.

Schritt 7

Die sauberen Samen legen wir auf ein Küchen-Tuch.
Wir können die Samen noch <u>nicht</u> verwenden.
Sie müssen erst einmal trocknen.
Darum lassen wir sie einige Tage auf dem Tuch liegen.

Schritt 8

Die getrockneten Samen nehmen wir vom Küchen-Tuch.
Wir füllen sie in eine Tüte.
Auf die Tüte schreiben wir:

- Tomate
- das Jahr

Wir bewahren die Samen trocken und kühl auf.
Im nächsten Jahr können wir die Tomaten ins Beet säen.

Neue Erde machen

Pflanzen brauchen Licht und Wasser zum Wachsen.
Und sie brauchen Nahrung.
Gute Erde enthält die Nahrung für Pflanzen.
In guter Erde wachsen Pflanzen besser.
Und wir können mehr Gemüse ernten.

Gute Erde müssen wir nicht kaufen.
Im Garten können wir sie einfach selber machen.
Erde selber machen nennt man Kompostieren.
Zum Kompostieren nehmen wir Abfälle aus dem Garten.
Zum Beispiel:

- vertrocknete Pflanzen
- ausgerissenes Unkraut
- Laub von Bäumen und Sträuchern

Wir legen die Garten-Abfälle auf den Kompost-Haufen.
Dort wird daraus gute Kompost-Erde.

Wir füllen einen Kompost-Haufen

Der Kompost-Haufen ist ein sehr lebendiger Ort.
In dem Kompost-Haufen leben viele kleine Tiere:

- Insekten
- Würmer
- Spinnen

Die kleinen Tiere machen aus den Garten-Abfällen Kompost-Erde.

Am Anfang legen wir den Kompost-Haufen an.
Anlegen bedeutet:
Wir füllen den Kompost-Haufen mit Garten-Abfällen.
Dafür können wir eine große Kiste benutzen.
Die Kiste muss oben und unten offen sein.
So kommt genug Luft in den Kompost-Haufen.
Die Kiste können wir aus Holz-Brettern selber bauen.
Wir können sie auch im Bau-Markt kaufen.

Für den Kompost-Haufen gibt es ein paar einfache Regeln:
Wir mischen trockene und frische Garten-Abfälle.
Wir legen sie abwechselnd auf den Kompost.
Dickere Zweige brechen wir in kleine Stücke.
An heißen Tagen gießen wir den Kompost-Haufen wie ein Beet.

Wir brauchen:

1 Schub-Karre
1 Schaufel
1 Grabe-Gabel
Hand-Schuhe
1 Garten-Schlauch mit Wasser-Anschluss
Kompost-Erde oder Erde vom Boden
1 Kompost-Sieb
Verschiedene Garten-Reste:

- Zweige und Holz-Stücke
- frische grüne Pflanzen-Reste
- trockene braune Pflanzen-Reste

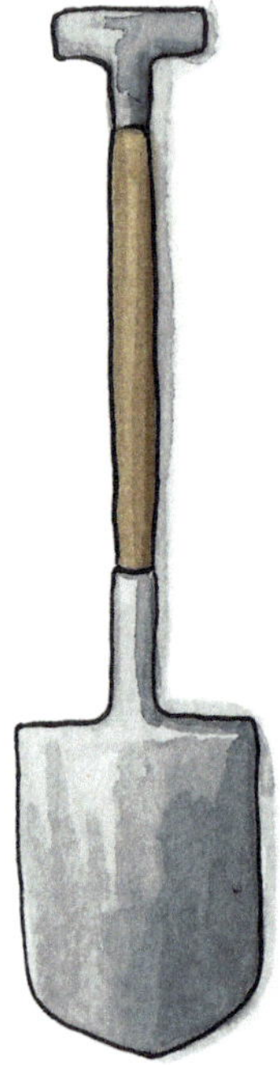

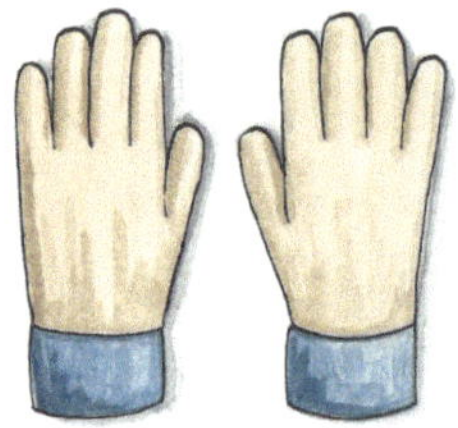

Schritt 1

Wir finden einen Platz für den neuen Kompost-Haufen.
Der Platz muss halb sonnig und halb schattig sein.
Der beste Ort ist unter einem Baum.
Denn hier gibt es beides:
Schatten und Sonne.
Diese Mischung ist gut für den Kompost.

Schritt 2

Als erstes brauchen wir die Äste und Holz-Stücke.
Wir legen sie direkt auf den Boden.
Wir legen die Äste 20 Zentimeter dick auf dem Boden aus.
Zwischen den Ästen ist Platz für Luft.
Luft ist wichtig für einen guten Kompost.

Schritt 3

Jetzt nehmen wir grüne Pflanzen-Reste.
Zum Beispiel frisches Gras oder Unkraut.
Oder auch Reste von Obst und Gemüse.
Dann nehmen wir die braunen Pflanzen-Reste.
Zum Beispiel trockenes Laub oder kleine Zweige.
Möglich sind auch Zeitungs-Papier und Eier-Kartons.

Schritt 4

Danach kommt die Erde auf den Haufen.
Am besten ist Kompost-Erde aus dem letzten Jahr.
Wir können aber auch Erde vom Garten-Boden nehmen.
Das bringt nützliche Lebe-Wesen in den Kompost.
Zum Beispiel Würmer und Insekten.
Dann können wir den Kompost füllen.
Zum Beispiel mit braunen Pflanzen-Resten.

Schritt 5

Jetzt gießen wir den Haufen mit dem Gartenschlauch.
Wasser ist wichtig für den Kompost-Haufen.
Das heißt:
Wir müssen ihn regelmäßig gießen.
Der Kompost-Haufen sollte immer etwas feucht sein.
Bei Regen müssen wir nicht gießen.

Schritt 6

Ab jetzt sammeln wir alle Garten-Reste auf dem Kompost.
Dabei ist wichtig:
Wir müssen die Garten-Reste weiter mischen.
Eine Hälfte sollte grün und frisch sein.
Die andere Hälfte sollte braun und trocken sein.

Schritt 7

Irgendwann ist der Kompost voll.
Dann brauchen wir die Grabe-Gabel.
Mit der Gabel mischen wir die Schichten.
Für diese Arbeit braucht man etwas Kraft.
Jetzt lassen wir den Kompost ruhen.

Schritt 8

Nach 12 Monaten ist aus den Garten-Resten Erde geworden.
Die Kompost-Erde können wir für unseren Garten benutzen.
Dafür müssen wir die Erde sieben.
Wir legen das Sieb auf eine Schub-Karre.
Mit einem Spaten schütten wir die frische Erde darauf.
Die gesiebte Erde verteilen wir dann auf unserem Beet.

Winter

Im Dezember fängt der Winter richtig an.
Abends wird es sehr früh dunkel.
Draußen ist es oft eisig kalt.
Viele Bäume haben ihre Blätter verloren.
Die Natur macht eine Winter-Pause.

Im Winter sind wir gern zu Hause.
Dort ist es gemütlich und warm.
Wir backen Plätzchen und trinken Tee.
Wir nehmen ein wärmendes Bad.
Oder wir lesen ein Buch.

Unser Beet liegt in den Winter-Monaten brach.
Brach liegen bedeutet:
Wir pflanzen nichts an.

Auch im Winter können wir etwas für den Garten tun:

- Wir topfen Kräuter für unsere Küche um.
- Wir verarbeiten Gemüse für den Winter.
- Wir bauen ein Haus für die Insekten.

Zu Hause Kräuter pflanzen

Im Winter können wir zu Hause gärtnern.
Wir können frische Kräuter in unserer Küche haben.
Kräuter in Töpfen kann man im Super-Markt kaufen.
Zum Beispiel Basilikum oder Petersilie.

Mit den Kräutern können wir unser Essen würzen.
Das ist sehr gesund und schmeckt gut.

Wir müssen die Kräuter gut pflegen.
Sie brauchen Licht zum Wachsen.
Darum stellen wir sie in die Nähe vom Fenster.
Sie brauchen auch Platz zum Wachsen.
Darum muss der Topf ausreichend groß sein.
Und wir müssen die Kräuter gießen.

Im Frühling können wir die Kräuter in den Garten pflanzen.
Manche Kräuter leben mehrere Jahre.

Wir topfen die Petersilie um

Viele Super-Märkte verkaufen frische Kräuter in Töpfen.
Diese Kräuter sterben meistens schnell.
Die Töpfe aus dem Super-Markt sind zu klein.

Zum Wachsen brauchen die Kräuter mehr Platz.
Wir können ihnen diesen Platz geben:

- Wir können sie in größere Töpfe pflanzen.
- Wir können die Kräuter-Pflanzen teilen.

Das Teilen geht bei Kräuter-Pflanzen ganz einfach.
Wir können uns die Kräuter ansehen:
In jedem Topf wachsen viele einzelne Stängel.
Jeder Stängel ist eine eigene Pflanze.
Wir trennen die Stängel und die Wurzeln.
Dann pflanzen wir die Pflanzen in mehrere Töpfe.
Diese Arbeit nennt man Umtopfen.
So haben die Pflanzen wieder Platz zum Wachsen.

Das Teilen geht mit allen Kräutern.
Wir teilen eine Petersilien-Pflanze in 2 Töpfe auf.
So können wir lange frische Petersilie ernten.

Wir brauchen:

1 Topf mit Petersilie
2 Blumen-Töpfe
1 Gieß-Kanne mit Wasser
1 Küchen-Tuch als Unterlage
Kräuter-Erde aus dem Bau-Markt

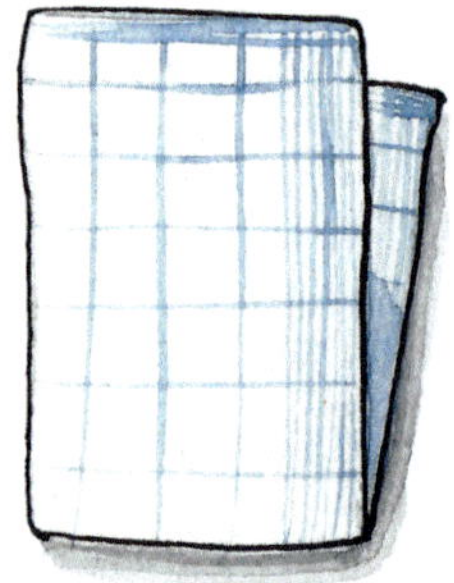

Schritt 1

Als erstes gießen wir die Petersilie.
Dann warten wir eine halbe Stunde.
In der Zeit kann die Petersilie das Wasser aufnehmen.
Und sie kann genug Wasser in ihren Blättern speichern.

Schritt 2

Wir legen die Unterlage auf den Tisch.
Dann nehmen wir die Petersilie aus dem Blumen-Topf.
Wir drehen den Blumen-Topf dafür um.
Die Pflanze halten wir vorsichtig fest.
Wir können den Blumen-Topf auch ganz leicht drücken.
Dann ziehen wir ihn nach oben ab.

Schritt 3

Jetzt können wir die Pflanze teilen.
Dafür nehmen wir die Wurzeln in beide Hände.
Wir schütteln sie ein bisschen.
So lockern wir die Wurzeln auf.
Dann teilen wir sie vorsichtig in 2 Hälften.
Die Pflanzen-Hälften legen wir auf den Tisch.

Schritt 4

Alles was jetzt kommt,
machen wir erst mit einem Blumen-Topf.
Dann wiederholen wir die Schritte mit dem 2. Blumen-Topf.
Wir füllen Erde in einen Blumen-Topf.
Wir machen den Blumen-Topf halb voll.

Schritt 5

Wir nehmen eine Pflanzen-Hälfte vom Tisch.
Wir greifen sie direkt oberhalb der Wurzeln.
Dann halten wir die Petersilie in den Blumen-Topf hinein.
Die Wurzeln sollten die Erde im Blumen-Topf berühren.

Schritt 6

Jetzt füllen wir den Blumen-Topf mit Erde auf.
Dabei halten wir die Pflanze weiter mit einer Hand fest.
Mit der anderen Hand streuen wir Erde
um die Wurzeln herum.
Wir füllen den Blumen-Topf bis kurz unter den Rand.
Dann drücken wir die Erde mit den Fingern etwas fest.
Nur die Wurzeln sind unter der Erde.
Die Blätter schauen oben aus dem Blumen-Topf heraus.

Schritt 7

Wir gießen die Petersilie und stellen sie ans Fenster.
Sie braucht jetzt jeden Tag etwas Wasser.

Die Blätter können am Anfang noch schlapp aussehen.
Denn der neue Blumen-Topf ist für die Pflanze ungewohnt.
Sie muss sich erst einmal daran gewöhnen.
Nach ein paar Tagen wird die Petersilie wieder kräftiger.
Im neuen Blumen-Topf kann sie besser wachsen als vorher.

Schritt 8

Von der Petersilie können wir Stängel und Blätter ernten.
Dann schneiden wir sie klein und geben sie zum Essen hinzu.
Wir dürfen nie zu viel auf einmal ernten.
Am besten zupfen wir immer nur ein paar Stängel ab.
So können neue Stängel nachwachsen.
Und die Petersilie kann bis zu 2 Jahre alt werden.

Gemüse haltbar machen

Gemüse können wir unterschiedlich zubereiten:
Wir können es kochen oder braten.
Wir können es roh essen.
Wir können es fermentieren.

Fermentieren heißt:
Wir legen das Gemüse in Salz-Wasser ein.
Im Salz-Wasser verändert es sich nach einigen Wochen.
Das Gemüse wird weicher.
Das Gemüse bekommt einen sauren Geschmack.

Ein bekanntes Beispiel ist Sauer-Kraut.
Sauer-Kraut ist fermentierter Weiß-Kohl.
Wir können aber auch andere Gemüse-Sorten fermentieren.
Zum Beispiel Gurken oder Möhren.

Fermentiertes Gemüse ist gesund.
Es ist durch das Fermentieren lange haltbar.
Haltbar heißt:
Wir können das Gemüse für viele Monate aufbewahren.
So können wir auch im Winter Gemüse essen.

Wir fermentieren Möhren

Wir können fast jedes Gemüse fermentieren.
Wir brauchen zum Fermentieren nur 3 Grund-Zutaten:

- Gemüse
- Wasser
- Salz

Zum Aufbewahren brauchen wir gute Gläser.
Die Gläser müssen eine Gummi-Dichtung haben.
Das ist sehr wichtig.
Denn beim Fermentieren entsteht Luft im Glas.
Die Gummi-Dichtung lässt die Luft aus dem Glas heraus.
Gläser mit Schraub-Deckel können wir nicht verwenden.

Zum Fermentieren brauchen wir auch Bakterien.
Bakterien sind kleine Lebe-Wesen.
Sie leben auf der Schale von Gemüse.
Die Bakterien helfen uns beim Fermentieren.
Deshalb schälen wir das Gemüse beim Fermentieren nicht.
Am besten verwenden wir Bio-Gemüse.

Wir brauchen:

1 Kilo-Gramm Bio-Möhren
1 Mess-Becher
1 Liter Wasser
4 Tee-Löffel Salz
1 Messer
1 Schneide-Brett
1 große Schüssel
Mehrere Draht-Bügel-Gläser
oder Einweck-Gläser mit Gummi-Dichtung
1 Küchen-Waage
Salbei und Fenchel

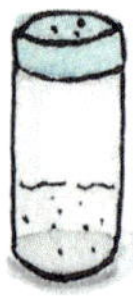

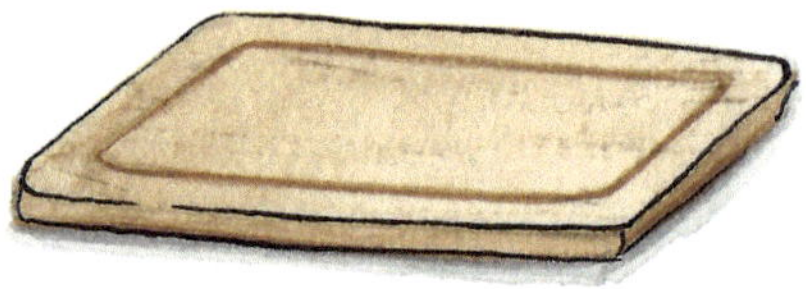

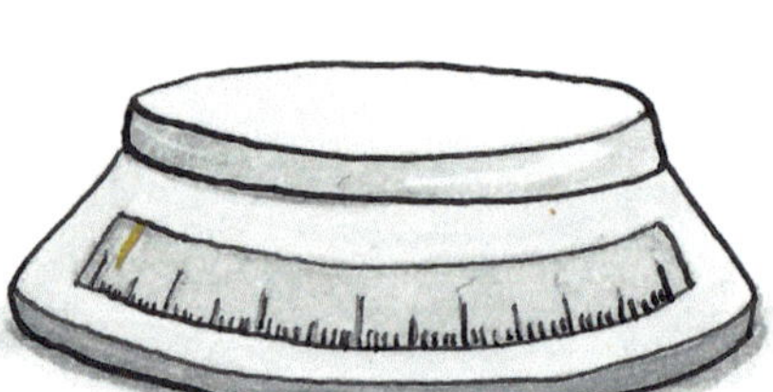

Schritt 1

Wir waschen die Möhren gründlich ab.
Das können wir am Wasch-Becken machen.
Oder in einer Schüssel mit Wasser.

Schritt 2

Wir wiegen die Möhren ab.
Dazu benutzen wir die Küchen-Waage.
Wir brauchen genau 1 Kilo-Gramm Möhren.
Die richtige Menge ist beim Fermentieren sehr wichtig.
So stellen wir sicher,
dass es am Ende gut schmeckt.

Schritt 3

Wir schneiden das grüne Ende von den Möhren ab.
Manchmal hat Gemüse auch braune Stellen
Diese müssen wir vorher auch entfernen.
Dann schneiden wir die Möhren in kleine Stücke.

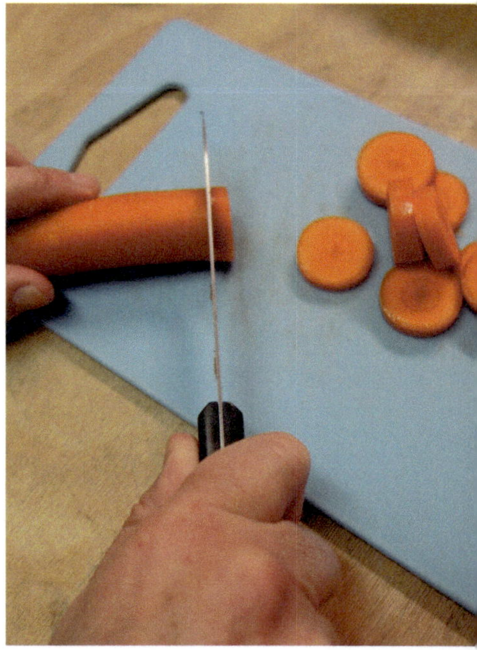

Schritt 4

Wir legen ein bisschen Salbei und Fenchel in die Gläser.
Dann legen wir die Möhren-Stücke in die Gläser.
Wir drücken sie fest in das Glas.
Zum oberen Rand lassen wir etwas Platz.

Schritt 5

Als nächstes mischen wir Salz-Wasser.
Mit dem Mess-Becher messen wir 1 Liter Wasser ab.
Dann geben wir 4 Tee-Löffel Salz hinzu.
Wir rühren das Wasser im Mess-Becher um.
Das Salz muss sich vollständig auflösen.
Das Salz-Wasser gießen wir in die Gläser.
Die Möhren müssen ganz mit Salz-Wasser bedeckt sein.

Schritt 6

Wir legen die Gummi-Dichtungen und Deckel auf die Gläser.
Dann nehmen wir die Metall-Klammern.
Wir verschließen die Gläser damit.

Schritt 7

Wir stellen die Gläser an einen kühlen und dunklen Ort.
Am besten in eine Speise-Kammer oder einen Keller.
Wir können sie aber auch in den Kühlschrank stellen.
Oder in einen Schrank in der Küche.
Dort sollten wir aber ein Tuch über die Gläser legen.
So kommt kein Licht an die Möhren im Glas.
Wir schreiben das Datum auf die Gläser.

Schritt 8

Jetzt müssen wir mehrere Wochen warten.
Das Fermentieren dauert mindestens 4 Wochen.
Wir dürfen die Gläser in dieser Zeit nicht öffnen.

Fermentierte Möhren können wir verwenden als:

- Brot-Belag
- Beilage zu Kartoffeln
- Zutat für Salate

Gemeinsam die Insekten schützen

Auf der Welt leben sehr viele verschiedene Insekten.
Sie sind die häufigste von allen Tier-Arten.
Insekten sind Tiere mit 6 Beinen.
In unserem Garten leben zum Beispiel:

- Schmetterlinge
- Käfer
- Bienen

Insekten sind für uns und die Natur sehr wichtig.
Sie sind Nahrung für viele andere Tiere.
Sie lockern den Boden auf.
Sie befruchten unsere Pflanzen.
Ohne Insekten würde es <u>keine</u> Früchte mehr geben.

Seit vielen Jahren sterben immer mehr Insekten.
Die Insekten sterben vor allem:

- wegen der Land-Wirtschaft.
- weil die Menschen so viele Häuser und Straßen bauen.

Die Insekten verlieren ihren natürlichen Lebensraum.
Deshalb müssen wir sie besser schützen.

Wir bauen ein Insekten-Hotel

In unserem Garten brauchen wir Insekten.
Die Insekten brauchen unseren Schutz.
Wir können vieles für sie tun.
Wir können zum Beispiel ein Hotel für sie bauen.
Dort finden sie ein sicheres Zuhause.

Es gibt verschiedene Sorten von Insekten-Hotels.
Denn jedes Insekt mag einen anderen Schlaf-Platz.
Unser Insekten-Hotel wird für Wild-Bienen sein.
Wild-Bienen sind mit Honig-Bienen verwandt.

Das Insekten-Hotel muss immer leicht schräg hängen.
Der Eingang zum Hotel sollte nach unten zeigen.
So kommt bei Regen kein Wasser hinein.
Außerdem sollte der Eingang nach Süd-Osten zeigen.
Aus dieser Richtung kommt wenig Wind und Regen.

Im Osten geht die Sonne morgens auf.
Im Süden steht die Sonne am Mittag.
Süd-Osten liegt genau dazwischen.

Wir brauchen:

1 leere Dose
1 Zeitung als Unterlage für den Tisch
Bunt-Lack in verschiedenen Farben
Mehrere Pinsel
Mehrere Stängel Bambus-Rohr
1 kleine Holz-Säge
1 Blatt feines Schleif-Papier
1 Tube wasserfester Holz-Leim
1 Stück Draht
1 Zange
1 festen Stock
1 dicke Schnur

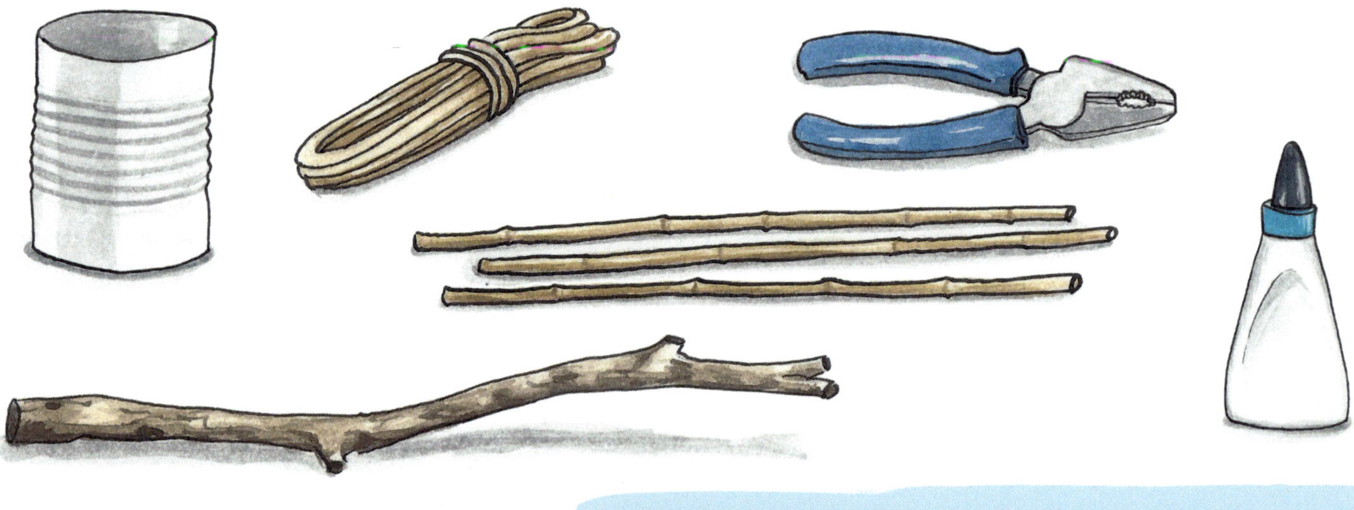

Schritt 1

Wir legen eine Unterlage auf den Tisch.
Als erstes müssen wir die Dose entgraten.
Entgraten bedeutet:
Wir entfernen scharfe Kanten.
An scharfen Kanten könnten wir uns schneiden.
Wir biegen sie mit der Zange nach innen um.

Schritt 2

Mit Pinsel und Farbe bemalen wir die Dose.
Wir können eine oder mehrere Farben verwenden.
Bunte Dosen sehen später im Garten schön aus.

Nach dem Malen waschen wir die Pinsel aus.
Und wir lassen die Farbe gut trocknen.
Das dauert oft ein paar Stunden.

Schritt 3

Wir nehmen uns ein Bambus-Rohr.
Mit der Holz-Säge sägen wir das Bambus-Rohr in Stücke.
Jedes Stück ist ungefähr so lang wie die Dose.
Für unsere Dose brauchen wir etwa 40 Bambus-Rohr-Stücke.
Die Anzahl hängt von der Dosen-Größe ab.

Schritt 4

Die Enden der Bambus-Rohre müssen glatt sein.
An scharfen Kanten könnten sich die Wild-Bienen verletzen.
Deshalb schleifen wir die Kanten mit Schleif-Papier glatt.

Schritt 5

Wir drücken etwas Holz-Leim in die Dose.
Der Dosen-Boden sollte gut bedeckt sein.
So bleiben die Bambus-Rohre kleben.

Schritt 6

Wir nehmen mehrere Bambus-Rohr-Stücke in eine Hand.
Dann stellen wir sie zusammen in die Dose.
Die Stücke müssen schön fest sitzen.
Lücken füllen wir mit einzelnen Bambus-Rohren auf.
Der Leim muss jetzt einige Stunden trocknen.
Sonst fallen die Bambus-Rohre wieder heraus.

Schritt 7

Nach dem Trocknen können wir die Dose aufhängen.
Dafür brauchen wir ein langes Stück Draht.
Wir schneiden den Draht mit der Zange zurecht.
Das Draht-Stück wickeln wir zweimal um die Dose herum.
Dann drehen wir Draht-Enden fest umeinander.
So kann der Draht <u>nicht</u> verrutschen.

Schritt 8

Wir suchen im Garten einen guten Platz für unser Hotel.
Der richtige Ort für ein Insekten-Hotel ist ruhig und sonnig.
So werden die Insekten <u>nicht</u> gestört.
Und sie können lange dort bleiben.
Mit dem Draht binden wir das Hotel fest.

Schwere Sprache

Wir sagen Danke

An diesem Buch haben viele Menschen mitgearbeitet.
Sie haben Workshops mit uns organisiert.
Sie haben Workshops für uns gegeben.
Sie haben uns bei den Texten unterstützt.
Diesen Menschen möchten wir danken.

Als erstes danken wir allen Menschen von der tuml-Gruppe:
Jörg, Mario, Gabi, Jessika, Katharina, Vanessa, Judith,
Jelena, Lennart, Mirjam, Laura, Andrea, Sven, Daniel,
Marion, Nunni, Josi, Lisa, und viele wunderbare
Menschen, die uns ab und zu besucht haben.

Wir danken auch allen Experten und Expertinnen: Matthias, Jonathan,
Romain, Felix, Sonja, Robin, Sara, Swenja, Magda, Lena und Inken.

Wir danken dem **himmelbeet** und **zusammen wachsen e.V.**
Danke, dass ihr unser Projekt und Inklusion unterstützt.

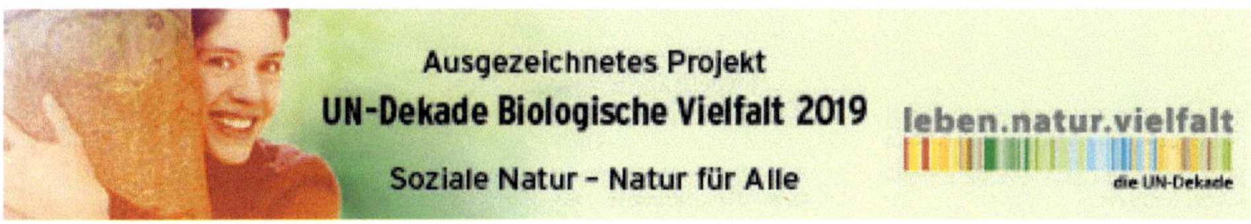

Über das Buch

Dieses Buch hat eine Gruppe geschrieben.
Wir haben uns die **tuml-Gruppe** genannt.
Wir haben uns 3 Jahre lang jede Woche getroffen.
Diese Treffen waren in einem Gemeinschafts-Garten.
Gemeinschafts-Garten heißt:
Der Garten ist für alle Menschen offen.
Unser Gemeinschafts-Garten heißt **himmelbeet**.
Er ist in der Stadt Berlin.

Unsere Gruppe ist so vielfältig wie die Natur.
Alle sind ganz verschieden:
Manche kannten sich schon mit dem Gärtnern aus,
andere noch <u>nicht</u>.
Manche sind alt,
andere sind jung.
Manche haben eine Behinderung,
manche haben <u>keine</u>.

Wir haben zusammen die Texte für das Buch geschrieben.
Wir haben alles ausprobiert und Fotos gemacht.
Das hat uns sehr viel Spaß gemacht.

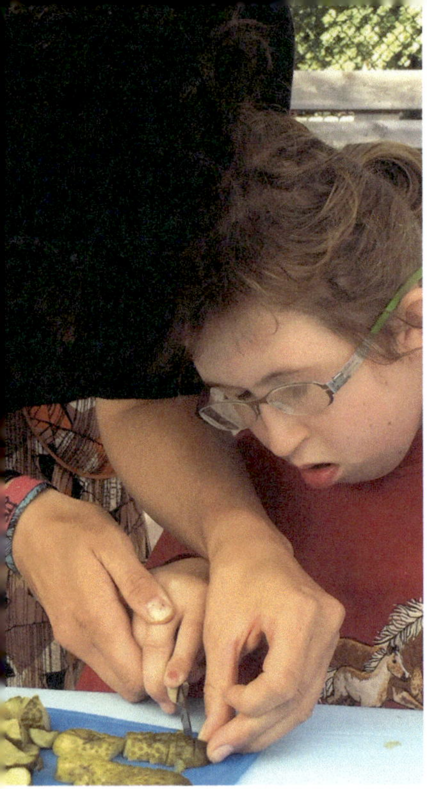

asics

Über die Autorinnen

Ulrike Bruckmann leitet das Buch-Projekt.
Sie hat mit dem Buch-Projekt im Jahr 2017 angefangen.
Sie mag die Leichte Sprache sehr gern.
Sie liebt das Gärtnern und die Natur.

Ulrike Bruckmann arbeitet als Coach in Berlin.
Ein anderes Wort für Coach ist Beraterin.
Ulrike hat drei Kinder.

Jessika Knauer ist Journalistin und Autorin.
Das Schreiben von Texten ist ihr Beruf.

Ihre Lieblings-Themen sind:

- Gleich-Berechtigung
- Umwelt-Schutz

Jessika Knauer hat eine Ausbildung als Mode-Schneiderin.
Sie liebt das Handwerken und Selber-Machen von Dingen.